太空旅行

【美】劳拉·汉密尔顿·韦克斯曼（Laura Hamilton Waxman） 著
王 蒙 译

化 学 工 业 出 版 社

·北 京·

图书在版编目（CIP）数据

太空旅行 /［美］韦克斯曼（Waxman, L.H.）著；王蒙译. —北京：化学工业出版社，2015.9
（太空大揭秘）（2025.1 重印）
书名原文：Exploring Space Travel
ISBN 978-7-122-24631-8

Ⅰ.①太… Ⅱ.①韦…②王… Ⅲ.①航天员—青少年读物 Ⅳ.①V527-49

中国版本图书馆 CIP 数据核字（2015）第 158412 号

Exploring Space Travel / by Laura Hamilton Waxman
ISBN 978-0-7613-5447-5
Copyright © 2012 by Lerner Publishing Group, Inc. All rights reserved.
Authorized translation from the English language edition published by Lerner Publishing Group, Inc.
本书中文简体字版由 Lerner Publishing Group, Inc. 授权化学工业出版社独家出版发行。
未经许可，不得以任何方式复制或抄袭本书的任何部分，违者必究。

北京市版权局著作权合同登记号：01-2014-1584

责任编辑：成荣霞　　　　　文字编辑：陈　雨
责任校对：边　涛　　　　　装帧设计：尹琳琳

出版发行：化学工业出版社（北京市东城区青年湖南街 13 号　邮政编码 100011）
印　　装：北京瑞禾彩色印刷有限公司
889mm×1194mm　1/24　印张 1¾　字数 50 千字　2025 年 1 月北京第 1 版第 10 次印刷

购书咨询：010-64518888　　　　　　　　售后服务：010-64518899
网　　址：http://www.cip.com.cn
凡购买本书，如有缺损质量问题，本社销售中心负责调换。

定　　价：18.00元　　　　　　　　　　　　　　　版权所有　违者必究

目 录

第一章
离开地球 4

第二章
航天器 8

第三章
太空装备 18

第四章
太空生活 24

第五章
太空训练 39

第六章
太空旅行的未来 34

词汇表 38
延伸阅读 39
图片致谢 40

第一章　离开地球

想象一下这个画面：你自己正在准备着一次飞行。面前是电脑屏幕和控制台，有个声音正在倒数计时。火箭点火，你的太空之旅即将开始。

"奋进号"航天飞机发射升空。谁是太空第一人呢？

宇宙飞行

人们利用宇宙飞船进行太空旅行已经有五十多年的历史了。宇宙飞船可以将人和物资送到太空。一位名叫尤里·阿列克谢耶维奇·加加林的原苏联宇航员是飞上太空的第一人。加加林的这次飞行是在1961年，持续飞行108分钟。

原苏联宇航员尤里·阿列克谢耶维奇·加加林是飞上太空的第一人。此照片拍摄于1961年飞船起飞之前。

从那以后，人们开始进行更长时间的太空之旅。宇宙飞船也能让人类绕地球飞行甚至登上月球。

此处照片为巴兹·奥尔德林于1969年登月所摄。

太空旅行者

进行太空旅行的是宇航员。他们使宇宙飞船起飞,并负责建造和维修太空设施,甚至还运行着国际空间站(ISS)。图中这个大型空间站在距地球240英里(386千米)的上空飞行,世界各地的宇航员都在那里工作和生活。

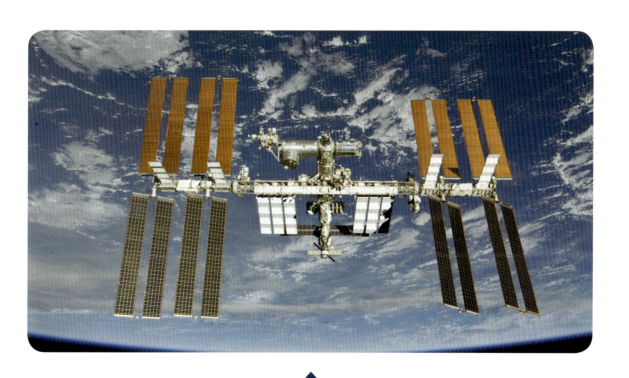

国际空间站在地球上空环行

第二章 航天器

将一只球扔向空中，会发生什么？答案是地球引力会将球拉回地面。是引力的作用使物体聚到一起。引力让地球上的每个物体待在地面、不致飘走。

"发现号"航天飞机回到地球。是什么力量将它拉回到地面上的？

呼啸的火箭

航天器需要强有力的运载火箭推动来摆脱地球引力的束缚。这就需要火箭用其巨大的力量将航天器发射到太空。完成使命后火箭便与航天器脱离并坠落，随后航天器的引擎开始工作。

这张航天飞机发射升空的侧视图，展示了连接于航天飞机上的运载火箭。

航天飞机

很多宇航员都在航天飞机里飞行过。他们直接随航天飞机被发射到太空,最后像乘飞机一样返回地球。

美国"亚特兰蒂斯号"航天飞机飞行时间长达30年,由于机器老化,出于安全性考虑,它于2011年返回地球。

"亚特兰蒂斯号"航天飞机在着陆时后面拖着一个降落伞,它可以帮助航天飞机在着陆后减速。

宇宙飞船

在过去，美国以及其他一些国家纷纷建造他们自己的宇宙飞船。近来，像太空探索技术公司这样的私人企业也开始建造宇宙飞船。这些飞船是用来将物资运输到太空的。某一天，他们也可能将宇航员送到太空中。

太空技术探索公司在2010年发射了宇宙飞船。

现代的宇航员在叫做"联盟号"的俄罗斯宇宙飞船里飞行。"联盟号"由三个舱室组成。宇航员挤进中间舱室来进行起飞和着陆。这个舱室叫做返回舱室，装有宇宙飞船的计算机和控制器。飞行中休息时，宇航员要爬进顶部舱室。该舱室内有一个卫生间、一处睡眠区以及就餐区。底部舱室用于储存物资。

俄罗斯"联盟号"宇宙飞船正在绕地球飞行。

起飞

"联盟号"速度很快。它从地球起飞到太空中仅需九分钟。而一辆高速行驶的汽车要用两个小时才能跑出相同的距离。

一艘"联盟号"载人宇宙飞船正向国际太空站发射起飞。

这些宇航员挤在"联盟号"里面。他们在起飞时会感觉到超重力。

飞船发射时,宇航员必须承受地球上好几倍的重力,这是宇宙飞船快速加速时引起的重量感。超重力会让宇航员们觉得好似引力压在他们身上。一名宇航员曾说过,感觉好像一头猩猩坐在他胸口上!呼吸、移动甚至吞咽都非常困难。

飞船一旦进入太空就停止加速。然后，重力就消失了。宇航员们会处于失重状态。他们不再感到引力的拉动感。他们可以自由地飘浮在飞船里。松散的物体也会到处飘浮。

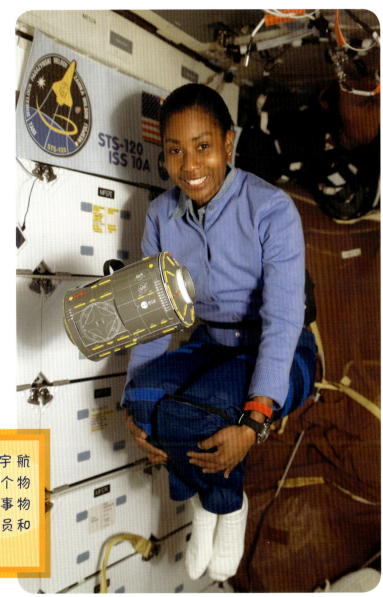

这位国际空间站的宇航员展示了空间站中的一个物件。由于太空中的所有事物都是失重的，所以宇航员和这个物件处于飘浮状态。

回到地球

"联盟号"宇宙飞船回到地球更加像是坠落。返回舱室从飞船的其他部分脱离出去,以极高的速度从空中坠落。

这是"联盟号"宇宙飞船的返回舱室。宇航员乘它返回地球。

加速舱室经过大气时发生摩擦，这种摩擦产生摩擦力。舱室和大气之间的摩擦力又产生了热，所以要用一层防热罩来保护返回舱室。最后舱室要通过降落伞来帮助它安全着陆。

返回舱室在一个降落伞的帮助下降落到地球上。

第三章　太空装备

宇航员将自己固定在座椅上以便于起飞和着陆。但是确保他们安全，需要的不仅是安全带。

工作人员帮助宇航员固定在宇宙飞船里。宇航员们在太空中是怎样确保安全的呢？

飞行的穿着

宇航员们在起飞和着陆期间身穿航天服,将宇航员们从头到脚包覆起来。航天服内层用一种紧致的强韧材料制成,外层用耐火织物制成。它能保护宇航员不受热和火焰的伤害。

美国宇航员和俄罗斯宇航员身着航天服摆姿势拍照。

航天服也能保护宇航员免受大气压力缺失的伤害。大气的压力是由空气挤压我们身体引起的。人类的身体只能生活在地球的大气压力之中，而不能在太空中生存，因为那里没有大气压力。通常来说，宇宙飞船可以为工作人员保持一个安全的气压环境，航天服也能短时间内完成这项任务。

起飞前，一名美国的宇航员在工作人员的帮助下穿好航天服。

航天服

宇航员有时会在宇宙飞船的外部工作,这叫做太空漫步。

进行太空漫步的宇航员会穿着航天服。一套航天服由14层构成,它能给予宇航员安全的气压、安全的温度、阻挡住太阳的有害射线。它甚至能挡住小的快速移动的太空岩石和星尘,避免宇航员受到伤害。

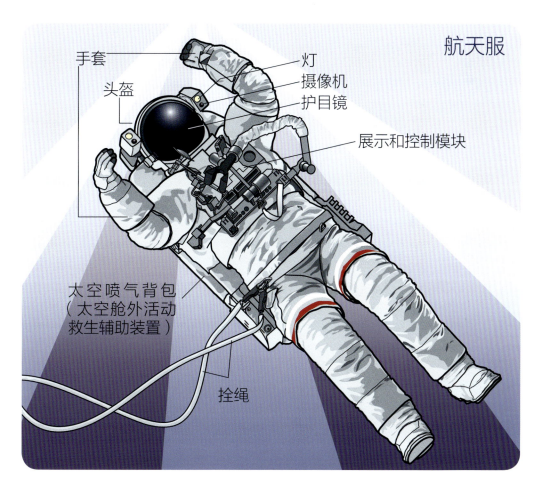

航天服

手套
头盔
灯
摄像机
护目镜
展示和控制模块
太空喷气背包
(太空舱外活动救生辅助装置)
拴绳

▶ 紧急呼吸装置

　　航天服也能供应氧气。人类必须要呼吸这种气体。因为太空并没有任何空气，所以宇航员的背后都携带着氧气罐。氧气从罐中流动到一个硬头盔里。

一套航天服保护着这名工作在空间站的宇航员在太空漫步时的安全。

保证安全

太空中的宇航员太空漫步时都配有一套太空喷气背包，简称"SAFER"的飞行机器。"SAFER"是太空舱外活动（EVA）救援简单装置的缩写。"SAFER"是一个飞行装置，像背包一样，是太空舱外活动救生辅助装置。它的小型喷射装置可以使宇航员进行短距离的移动。但是，宇航员通常都是将连着航天服的绳子绑在一个地方，否则就飘走了。

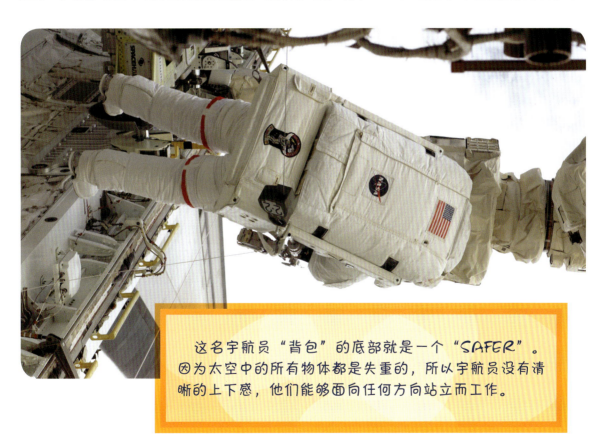

这名宇航员"背包"的底部就是一个"SAFER"。因为太空中的所有物体都是失重的，所以宇航员没有清晰的上下感，他们能够面向任何方向站立而工作。

第四章 太空生活

宇宙飞船上备有宇航员所需的所有东西，例如食物、水和设备，且里面充满空气。因此，宇航员在宇宙飞船里并不需要头盔或者是特殊航天服来辅助呼吸。

国际空间站的宇航员正在工作。为什么他们不用穿航天服呢？

太空时尚

宇航员只有在起飞和着陆时才会穿航天服,其余时间都穿便服。他们可能很多天连续穿同样的衣服。宇宙飞船里没有洗衣机,所以衣服脏了就丢掉了。

这些在"发现号"宇宙飞船的宇航员们穿着休闲T恤工作。

这名宇航员正在展示国际空间站的新鲜水果。

▶ **太空餐**

　　失重状态是太空旅行中快乐的一部分。但是，也为宇航员的工作和生活造成了困扰。宇航员没有办法放好一本书或者是一个汤匙。所有物体会到处飘移，甚至某个物体还会困在某处或者卡在其他物体上。

宇航员就餐时要小心翼翼，否则松散的面包屑可能会飘到设备中去，以致损坏设备。因此，食物都是全封闭包装的。饮料会封闭在塑料袋里，塑料袋配有一个用于插吸管的小口。

在太空中就餐可能是个挑战，任何没有被绑住的食物都会飘走。

▶ 在太空中休息

宇航员会在睡袋中睡觉。睡袋固定在墙上或者座位上。系好安全带,避免宇航员整晚到处乱飘。

宇宙飞船仅配有用于起飞和着陆用的座位,没有多余的椅子。例如宇航员在吃饭或工作时通常使用立脚点,即他们把自己的脚伸进地板上的条带或者板条里。

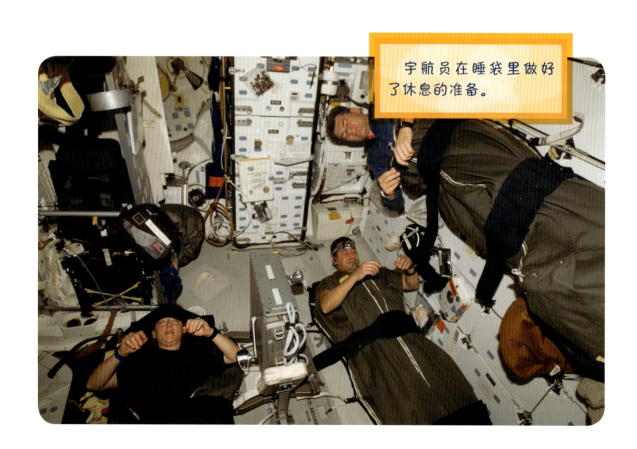

宇航员在睡袋里做好了休息的准备。

第五章 太空训练

数以千计的人都想报名成为宇航员，但是最终只会选拔少数人来完成这项工作。他们必须非常强壮，非常健康。而且，他们必须在大学学习数学或者科学。此外，他们还必须经历数以年计的训练。

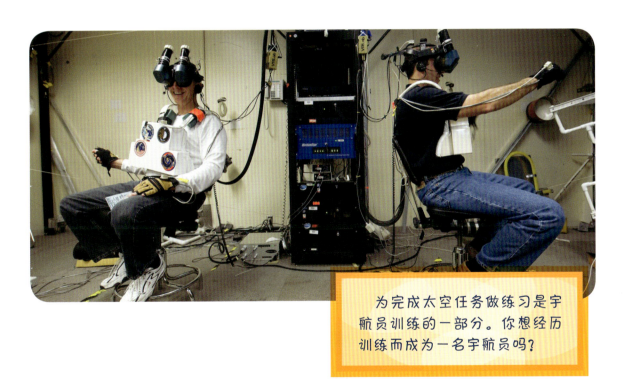

为完成太空任务做练习是宇航员训练的一部分。你想经历训练而成为一名宇航员吗？

宇航员在训练中要学会如何在太空中生活。他们还要练习如何处理飞船里的突发和紧急情况。他们非常辛苦，大部分时间都是在训练室里度过的。他们必须证明自己已经为太空旅行做好了充分的准备。

这名宇航员正在练习从宇宙飞船里的紧急出口逃生。

熟能生巧

宇航员们是使用模拟器进行训练的。这些实物大小的模型运行起来像是真正的宇宙飞船,但是它们不会离开地面。宇航员们可以在里面练习飞行技能和使用宇宙飞船的控制器。

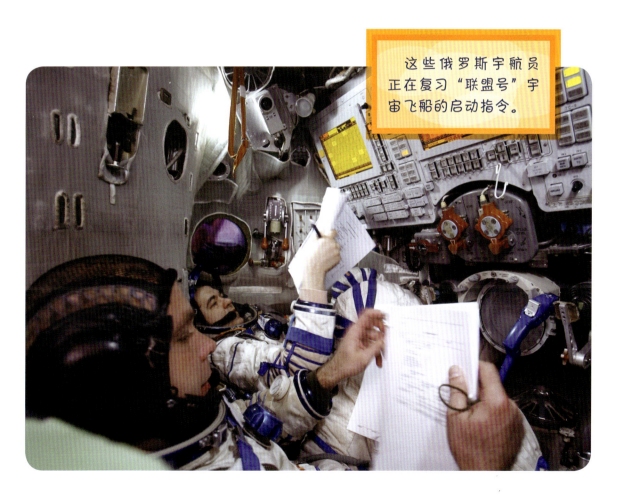

这些俄罗斯宇航员正在复习"联盟号"宇宙飞船的启动指令。

▶ 针对失重的训练

宇航员也要准备好应对失重状态。此项训练在水下进行,浮在水中非常像是处于失重状态。

美国宇航员也会在特殊的飞机内进行飞行训练。飞机飞得很高,然后迅速降落。这种降落会使宇航员产生失重感,使他们感到恶心,甚至呕吐。这就是为什么他们管这种飞机叫做"呕吐彗星"的原因。

上图这名宇航员正在水下练习太空漫步。左图这架被称为"呕吐彗星"的飞机正在穿过云层高速降落。

超重力训练

超重力对于人体伤害很大,所以宇航员们需要做好充分的准备。他们在离心机里进行训练,机器以极高的速度旋转,产生超重力。

这名加拿大宇航员正做好准备,要在一台俄罗斯落地式离心机中进行训练。

第六章　太空旅行的未来

宇航员不仅仅是探索者,他们还是科学家。他们研究植物怎样在太空中生长,以及动物在太空中的行为表现。

照料好用于实验的植物是空间站上宇航员众多工作中的一项。宇航员的实验怎样帮助太空旅行顺利进行呢?

宇航员也在自己身体上做测试，以便准确掌握失重状态是如何改变人类身体的。这项工作会让未来太空旅行更加安全，有利于允许宇航员在太空中停留更长时间。而且，也对未来的太空旅行计划很有帮助。

宇航员正在研究人体是如何应对太空旅行的。他们的实验可能会对以后的宇航员很有帮助。

▶ 未来的挑战

未来的某一天,宇航员可能会回到月球上,或者会来到火星上旅行。火星之旅将会长达一年之久。

未来,人们甚至能够在太空中度假。有些人能够付费去太空旅行,但是并没有太多人能够付得起这样昂贵的旅行费用。

这张图片展示的是"太空船一号"。这艘航天飞机可能某一天会将游客载到太空中去。

有些公司想将更多的人带到太空中去,于是他们建造了自己的宇宙飞船。某一天,他们甚至可能建造自己的空间站。

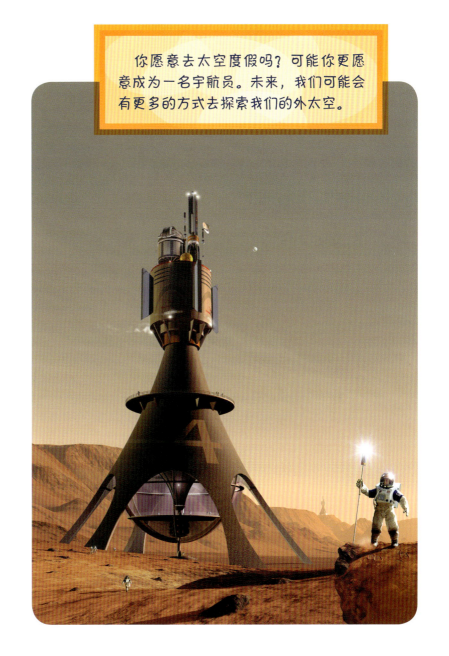

你愿意去太空度假吗?可能你更愿意成为一名宇航员。未来,我们可能会有更多的方式去探索我们的外太空。

▶ 词汇表

大气压力： 空气挤压大气层中的物体产生的压力。

宇航员： 经过专业训练而进行太空飞行的人。

落地式离心机： 在太空环境训练中，通过这种装置的内部高速旋转，让宇航员承受加速度带来的超荷载。

摩擦力： 阻碍物体相对运动趋势的力。

重力： 由加速度引起的重量的感觉。

引力： 物体之间相互存在的吸引力。

防热罩： 一种在返回舱室上能保护舱室少受返回过程中强热的保护层。

舱室： 宇宙飞船或空间站的一个部分。

氧气： 一种人类需要借此呼吸的气体。

太空喷气背包（SAFER）： 太空舱外活动简便救援装置。它是安装在航天服背面的机械装置。能喷射气流让宇航员实现各个方向的移动。

模拟装置： 一种宇宙飞船的模型。宇航员在真正进行太空旅行之前利用这个装置进行飞行训练。

联盟号： 俄罗斯宇宙飞船的一种类型。

宇宙飞船： 能将人类和物资运送到外太空的一种航天器。

航天飞机： 可重复使用的、往返于太空和地面之间的航天器。它并不是飞机，最早由美国研发，1981年投入使用。

太空漫步： 在太空中进行外部移动和操作的工作。

延伸阅读

书籍

◆ [韩] 金志炫 著，金住京 绘.掉入黑洞的星际家庭：从双星到超新星，揭开宇宙不为人知的秘密.

我们的银河里，有2000亿颗星星。在这其中，有互相绕着旋转的双星，有忽明忽暗的变光星，有由许多星星聚在一起构成的星团，有爆发之前放出光芒的超新星，有把路过的星星都吸进走的黑洞。请跟随小主人公漫游整个银河，其乐无穷！

◆ [韩] 海豚脚足 著，李陆达 绘.科学超入门（5）：月球——好奇心，来到月球！

月亮的形状每天都在改变。有时候像盘子一样又大又圆，接着慢慢缩小成半个月亮，再过几天，又变得像眉毛一样又细又弯。通过与小主人公的月球之旅，你就会明白月亮形状变化的秘密，还有其中的规律了。

◆ [韩] 田和英 著，五智贤 绘.科学超入门（4）：气体——气体，一起漫游太阳系！

学习气体知识为什么要去行星上探险呢？本书如同一部科幻漫画，请跟随小主人公一起踏上漫游太阳系的旅程吧！

网址

可点击的航天服

http://www.nasa.gov/audience/foreducators/spacesuits/home/clickable_suit.html

可以学习到需要保证宇航员安全的所有知识。

美国国家航空航天局儿童俱乐部

http://www.nasa.gov/audience/forkids/kidsclub/flash/index.html

这个网站包含丰富的与太空旅行相关的信息、图片和活动。

空间站太空漫步游戏

http://www.nasa.gov/multimedia/3d_resources/station_spacewalk_game.html

通过玩这个在线游戏，了解在太空建造空间站的困难程度。

▶ 图片致谢

本书所使用的图片经过了以下单位和个人的允许：美国国家航空航天局，图片4，8，10；© 俄罗斯新闻社/照片研究者有限公司，图片5，31；美国国家航空航天局，图片6，7，12，15，22～28，32（上图），35；© Stan Honda/AFP/盖提图文，图片9；© Bruce Weaver/AFP/盖提图文，图片11；美国国家航空航天局/Bill Ingalls，图片13；路透社/勒马佐夫，图片14，33；© Adam Hart-Davis/照片研究者有限公司，图片16；新华社/马克西姆，图片17；新华社/美国国家航空航天局电视，图片18；新华社/美国国家航空航天局，图片19；美国国家航空航天局/Kim Shiflett，图片20；© Laura Westlund/独立图文服务，图片21；© 科学来源/照片研究者有限公司，图片39，34；美国国家航空航天局，图片30，22（下图）；© Detlev van Ravenswaay/照片研究者有限公司，图片36，37。

封面图片：美国国家航空航天局/Bill Ingalls